JN273767

楽しい調べ学習シリーズ

動物園のひみつ

展示の工夫から飼育員の仕事まで

森 由民

PHP

動物園のひみつ
～展示の工夫から飼育員の仕事まで～

もくじ

はじめに ……………………………………………………………… 4
動物園をもっと楽しむ！ 4つのポイント …………………………… 6

1章 動物園の動物たち

これが動物園だ！ …………………………………………………… 8
いろいろな動物が生きられるのはなぜ？ ………………………… 10
建物の中に展示されている動物がいるのはなぜ？ ……………… 14
動物たちがにげないように、どんな工夫をしているの？ ……… 16
ここがすごい！ 展示の工夫 …………………………………… 18
運動場の奥の部屋はどうなっているの？ ………………………… 20
閉園後の夜や休みの日、動物たちはどうしているの？ ………… 22
動物たちはどこからやってくるの？ ……………………………… 24
コラム ジャイアントパンダやコアラがいる動物園が少ないわけ …… 26

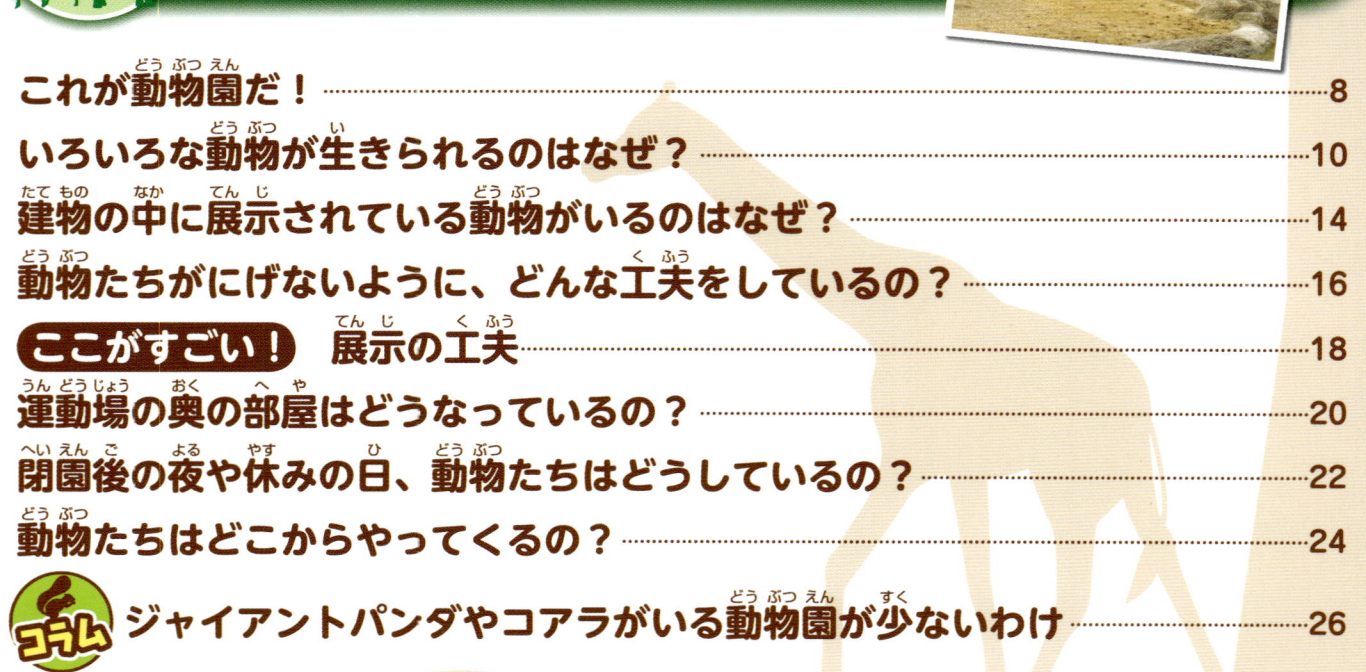

2章 動物園で働く人たち

- 飼育員の1日に密着！ ……………………………………………… 28
- 動物たちはどんなものを食べているの？ ……………………… 34
- **ここがすごい！** エサやりの工夫 ……………………………… 36
- そうじはたいへんですか？ ……………………………………… 38
- 動物たちにトレーニングをしているって本当？ ……………… 40
- 動物が病気になったらどうするの？ …………………………… 42
- **コラム** 動物園の飼育員になるには …………………………… 44

3章 動物園で生まれて育つ命

- 動物園の赤ちゃん大集合！ ……………………………………… 46
- 赤ちゃんはどのようにして生まれるの？ ……………………… 50
- 動物どうしがお見合いをするって本当？ ……………………… 52
- 人工哺育って何？ ………………………………………………… 54
- **コラム** 動物園の役割 …………………………………………… 58

動物園に行こう！　全国動物園ガイド ………………………… 60
さくいん …………………………………………………………… 63

はじめに

地球にすむいろいろな動物を、一度に見ることのできる動物園。たった1日いるだけで、地球一周の動物探検ができます。

動物の大きさ、においなど、テレビや図鑑だけでは
わからないことも、動物園なら感じられます。地球に
生きる生命の素晴らしさを体全部で感じましょう。
　いきいきとした動物の姿は、おおぜいのスタッフが
支えています。今日も明日も、動物を通して、地球の
豊かさを伝えようとがんばっています。

**さあ、同じ地球のなかま、
動物たちに会いに行きましょう。**

動物園ライター　森　由民

動物園をもっと楽しむ！4つのポイント

❶朝早く行こう！
多くの動物は朝や夕方に活発になります。特に朝は、運動場にエサを用意してから動物を出すことも多く、食事も観察できます。

❷イベントやガイドに参加しよう！
飼育員などが行うガイドやイベントは、ふだんできない体験の機会です。貴重な話や、バックヤードの見学などもあります。

❸飼育員の仕事や工夫を探そう！
飼育員が作業しているときに、話を聞かせてもらえることがあります。エサやりのしかけなどの工夫にも注目してみましょう。

❹写真の撮り方
ガラスごしの場合、黒い帽子などで光をさえぎると、照り返しをふせげます。動物をおどかさず、ルールを守って撮影しましょう。

1章 動物園の動物たち

動物園では、世界中のさまざまな動物を見ることができます。生活環境のことなる動物たちが、動物園の中でどのようなくらしを送っているのか、また、動物たちのいきいきした姿をどう見せるのか。そのひみつを見てみましょう。

これが動物園だ!

飼育事務所

飼育員どうしが情報を交換したり、飼育状況を記録したりするところ。

動物園では、世界中のいろいろな地域にすむ動物を集めています。地域ごとや、種類の似たものどうしを近くにするなど、来園者にわかりやすく展示しています。

●動物園の動物の見せ方

この動物園マップは、「都市型」と呼ばれる日立市かみね動物園をもとにしています。「都市型」の動物園では、限られた広さの中で、なるべくたくさんの動物を、わかりやすく見せられるようにするため、動物が活動する「運動場」の向きや配置を工夫しています。

動物園 MAP

動物病院
病気やケガをした動物を治療するところ。

1章 動物園の動物たち

ほかにも、「都市型」とは大きさや見せ方がちがう、ふたつのタイプの動物園があります。

郊外型 広い土地を生かし、動物たちをゆったりと見せられる。

サファリパーク 自家用車や専用バスなどで、動物がくらす中をゆっくり走って見せられる。

1章 動物園の動物たち

Q いろいろな動物が生きられるのはなぜ？

●動物が元気にくらすための工夫

動物園の動物たちは、寒い北極や暑い砂漠など、まったく気候のことなる地域から集められています。その動物たちが毎日を元気にくらせるように、動物園は工夫をしています。いくつかの動物を例に、その工夫を見ていきましょう。

ホッキョクグマは北極ぐらし

ホッキョクグマがすんでいる地域は、流氷ただよう北極とそのまわりの陸地。寒さは得意だが、暑さは苦手。自然の中では、氷から氷へ、泳いで移動する。

動物園の運動場には、陸地とプールが設けられている。

◀陸地ではゆっくりくつろげる。

▲プールでは、暑いとき、泳ぎたいときに、いつでも泳げる。来園者もホッキョクグマのいきいきとした姿を観察できる。

A 動物が動物園でいきいきとくらせるように、動物が生息する地域が、暑いか、寒いか、森か、草原か、などを調べ、生活環境を再現しています。

雪があまり降らない地方の動物園では、人工雪をつくってあげることもある。神戸市立王子動物園では、雪の中にエサを隠し、退屈しないような工夫をしている。

ワオキツネザルは寒さが苦手

ワオキツネザルはアフリカ大陸に近いマダガスカル島にすんでいる。暖かい気候が好きで、寒さは大の苦手。

▲暖かい時期は、木の枝をかけ下りるなど、活発に動き回る。

◀日本の動物園の冬は寒い。ヒーターをつけてあげると、おだんご状態になって温まる。

1章 動物園の動物たち

11

ミーアキャットは砂漠ぐらし

ミーアキャットは、アフリカ南部の砂漠にすんでいる。とても暑く、きびしい環境なので、地中にトンネルを掘り、群れでくらしている。外で小型動物・昆虫などを食べる間は、数頭が小高いところで見張りに立ち、敵が近づくと警戒の鳴き声を出す。

動物園では……

◀木にあけたあなに幼虫を入れておくと、器用に取り出して食べる。

▲体重計に乗って、警戒のポーズ！

◀自分たちでトンネルを掘り、中で眠る。

ニホンザルは山でくらす

日本の山でくらすニホンザル。登ったり渡ったりできる木やロープで山を再現。浅いプールは、川の代わりになる。

▶足を水につけてすずむようすが見られるかも!?

オランウータンは木の上で生活

東南アジアの熱帯雨林（ジャングル）でくらすオランウータン。鉄骨や消防ホースが、枝やじょうぶなツルの代わりになる。

12

フラミンゴは群れでくらす

フラミンゴは、湖の浅瀬で、ときには百万羽にもなる群れでくらしている。鏡を置くことで、たくさんのなかまといっしょにいる感じをあたえ、安心させることができる。

モグラは細いトンネルが好き

モグラは、地中のトンネルの中でくらしている。体全体が何かにふれていると、自分がトンネルの中にいると感じて安心するので、空中に網のトンネルをつくると、地中のモグラの動きが再現できる。

動物園コラム 動物園の気候を生かした展示

レッサーパンダは、中国南西部やネパールなどの、高くて寒い山にすんでいます。長野市茶臼山動物園は、冬に雪がたくさん降る場所にあるため、実際にある森を生かした展示にしています。それによって、来園者にまるでレッサーパンダのすむ森に迷い込んだように感じさせます。

1章 動物園の動物たち

1章 動物園の動物たち

Q 建物の中に展示されている動物がいるのはなぜ？

● 夜の世界の動物たち

リスなどをのぞいた、げっ歯類（※）のほとんどは、夜に活動する動物です。コウモリや原始的な特徴を残すサルのなかま（原猿類）も夜に活動をします。動物園では、ライトにより昼夜を逆転させた暗い室内に展示することで、来園者にいきいきとした姿を見せ、動物のすむ夜の森に入り込んだような気持ちにさせます。

※げっ歯類＝ネズミ・リス・テンジクネズミ・ヤマアラシなどのなかま。

ニホンモモンガ
自然の中では、昼の間は木のあなでねむり、夜になると動き出し、木と木の間を飛んで移動する。

ショウガラゴ
サルのなかまで、大きな目、大きな耳、とがった鼻が、光や音、においに敏感なことをしめしている。

A

動物の特徴に合わせた展示をするためです。夜に活動する動物や、気温の変化に影響を受ける生きものを屋内に展示しています。

●気温の影響を受ける生きもの

まわりの温度によって体温が大きく変わる両生類（※1）や、は虫類（※2）は、寒くなると活動がにぶったり、冬眠したりしてしまいます。室内で温度を調節し、岩・小川・コケなどを再現すると、寒い地方の動物園でも、一年中観察できます。

※1 両生類＝カエル・イモリ・サンショウウオなどのなかま。
※2 は虫類＝トカゲ・ヘビ・ワニ・カメなどのなかま。

1章 動物園の動物たち

アオダイショウ
日本各地にすむ、体長2mにもなるヘビ。野生のものは、冬に冬眠する。

アルダブラゾウガメ
こうらの長さが1mにもなる、アフリカ大陸近くの島にすむゾウガメ。寒さが苦手で、体を温めるために、ライトがつけられている。

ヨウスコウワニ（幼体）
中国の川にすむワニ。札幌市円山動物園では室内でうまく環境を整えることで、ヨウスコウワニをふやすことに成功している。

1章 動物園の動物たち

Q 動物たちがにげないように、どんな工夫をしているの?

● モート（ほり）の活用

あれ？こんなに低い柵で、キリンはにげないの？

横から見ると……

実は、はばの広いモートがあり、キリンが渡れないようになっている。

このように、モートを使って動物がよく見えるように展示する方法を、無柵放養式という。

A おりや柵、ガラスなどでにげないようにする方法だけでなく、モート（ほり）をつくって、にげないようにする方法があります。

モートを活用することで、このようなおもしろい展示もできるようになりました。

▲ブチハイエナやライオンの奥にアミメキリンがいる。アミメキリンはおそわれないのだろうか？

実は、来園者からは見えにくいけれど、間にこんなに深いモートがつくられている。

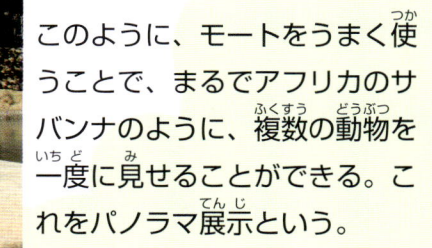

このように、モートをうまく使うことで、まるでアフリカのサバンナのように、複数の動物を一度に見せることができる。これをパノラマ展示という。

1章 動物園の動物たち

17

ここがすごい！展示の工夫

パノラマ展示のほかにも、動物がにげないようにと考えながら、来園者に動物たちのいきいきした姿を見せるために、いろいろな工夫をしています。

生息環境展示

天王寺動物園の「アジアの熱帯雨林ゾーン」は、物語の流れをたどるようにして、アジアゾウについて学ぶことができる。木を植えたり、道をくねらせたりして、先を見えなくしていて、ゾウたちのすむ森に迷い込んだような感覚にさせる。

▲ここが入口。この先に何が待っているのかな？

◀とちゅうの道は、まさにアジアの森。木の間からゾウを発見。

ここは観察小屋。わずかなすきまからゾウが見える。

▲森をぬけると村に到着。アジアゾウは、人の住む村のすぐそばでくらしているということを感じさせる。

最後に、水辺でアジアゾウに出会う。このように、アジアゾウの観察だけでなく、生息環境も体感できる。

スコール（にわか雨）の降るバードホール

千葉市動物公園のバードホールでは、決まった時間にバルブを開いて雨を降らせ、南アメリカの熱帯雨林のスコールを再現している。このようなことができるのは、大きな温室をつくって鳥たちを自由に飛ばせるという、この施設の形ならでは。

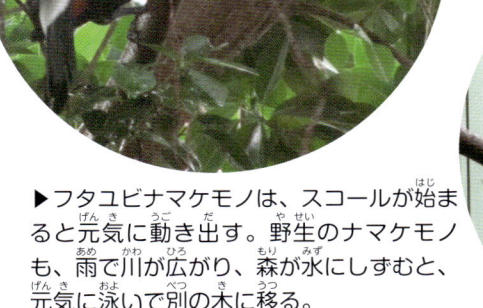

◀放し飼いのオニオオハシ。

▶フタユビナマケモノは、スコールが始まると元気に動き出す。野生のナマケモノも、雨で川が広がり、森が水にしずむと、元気に泳いで別の木に移る。

鳥の無柵放養式展示

運動場に対して、来園者の観察スペースを暗くしておくと、柵がなくても鳥たちはほとんど飛び出してこない。明るいところを好み、暗いところには近づかない鳥たちの習性を生かした展示方法である。観察スペースに飛び出しても、建物の中なので、にげ出すことはない。

インドクジャク

コジュケイ

チュウシャクシギ

1章 動物園の動物たち

1章 動物園の動物たち

Q 運動場の奥の部屋はどうなっているの？

●バックヤードをのぞいてみよう

多くの動物たちは、夕方になると寝室のあるうら側に戻っていきます。そこは、飼育員が作業をし、施設を管理するためのしくみもある「バックヤード」と呼ばれる空間です。日立市かみね動物園の「カピ！バラエティハウス」などを例に、いろいろな動物のバックヤードをのぞいてみましょう。

◀木の枝で遊べるようになっている。運動場へは、はしごの上のとびらから、空中通路を通っていく。

アライグマ

ハクビシン

▲木登りが得意なハクビシン。木の枝を登り、空中通路を通って運動場へ向かう。

寝室でエサを食べ、ふんをしたら、元気に運動場へ。

タヌキ

オグロプレーリードッグ

自分たちで巣穴をつくり、その中でくらすため、バックヤードには入らない。

A

動物たちが寝る部屋や、飼育員が作業をする部屋があります。それらをまとめて、「バックヤード」といいます。

飼育員の作業スペース

▲そうじ道具や、飼育のための道具がたくさんある。

カピバラ

▲草を食べる。水につかりながらふんをするため、水がよごれる。奥にあるのは、寒いときに温まれる赤外線ライト。

アフリカタテガミヤマアラシ

▲寝室は、飼育員の作業スペースの横にある。来園者の足もとにある地下通路を通って、運動場に出ていく。

コアラのバックヤードをのぞいてみたら……

▶飼育員が運動場を観察するためのモニターがある。

体重計を発見！！

▲エサのユーカリもここで量り、準備する。

トラのバックヤードをのぞいてみたら……

▶寝室は、頑丈なおりの部屋。

展示される前の赤ちゃんを発見！

1章 動物園の動物たち

21

1章 動物園の動物たち

Q 閉園後の夜や休みの日、動物たちはどうしているの？

● **動物たちの夜のようす**

動物園は通常、夕方暗くなる前に閉園します。「昼の間ぐっすりねむっていて、全然動いてくれなかった動物たちは、夜の間はどうしているんだろう？」――そんな疑問に楽しく答えてくれる特別なイベントが、「夜の動物園（夜間開園）」です。

▶カバのエサやりタイム。野生のカバは、昼の間はぬまなどの水辺で体を休め、夜に陸に上がり、遠くまで歩いて草を食べる。夜の動物園では、カバの元気な姿が見られる。

目を光らせるアライグマ。光る目をもつ動物は、暗い中でもよく見えるような目のしくみになっている。

◀ゾウは昼に活動して夜にねむる。ねむっている時間は約4時間と短いので、夜も元気な姿が見られる。

ニホンザルはバックヤードがないので、夜はいつも運動場で群れになってねむる。

もっと知りたい！ 飼育員は閉園後はどうしているの？

昔は、飼育員が交代で泊まる「宿直」がありました。しかし、今では宿直はほとんどなく、警備システムの機械が安全を守っています。飼育員が動物園に泊まるのは、動物たちに難しい出産がある、病気などで危険がある、といったときだけです。

A

夜はバックヤードでねむります。逆に、夜に活発に動く動物もいます。動物園が休みの日でも、動物たちはふだん通りにくらしています。

●冬に閉園する動物園

動物たちは休園日も、開園日と変わらない生活を送ります。雪の多い地方には、冬の間、長く休園する動物園があります。そんな冬の間、動物たちはどうしているのか、秋田市大森山動物園の冬の特別開園日のようすを例に見てみましょう。

▶動物園が閉園している間も、飼育員は休まず動物たちの飼育をしている。それに加えて雪かきもあってたいへん。

▲雪が降る山にすむレッサーパンダは、雪も大好き。飼育員がすてきな別荘をプレゼント。

▲フタコブラクダがすむのは、暑い砂漠だけでなく、雪も降る地域。雪でも平気。

シンリンオオカミのエサやりガイド。野生のオオカミは雪の森を群れで歩き回り、ほかの動物をおそって食べる。

▲秋田よりもずっと北の国で家畜として飼われるトナカイは、雪の園内を散歩。

▲アフリカのサバンナにすむアミメキリンは、暖房のきいた寝室でお休み。

1章 動物園の動物たち

23

1章 動物園の動物たち

Q 動物たちはどこからやってくるの？

● 動物園どうしが協力し合う ブリーディング・ローン

動物園は、貴重な野生動物を飼育・展示しています。だからこそ、野生の個体を無理につかまえてくることはせず、飼育個体どうしで子どもをつくり、展示を続ける努力をしています。そのための動物園どうしの動物の貸し借りを「ブリーディング・ローン」といいます。たとえば、「オスを1頭お貸しします」「最初に生まれた子どもはお返しします」といった約束をつくるのです。ここでは、長野市茶臼山動物園から秋田市大森山動物園に行くことになった、オスのアミメキリンのカンタを例に見てみましょう。

① 2歳のカンタ。キリンのような大きな動物は、子どものころに移動させる。写真は箱に入る練習中のようす。

② ◀移動の日、箱の中で落ち着かないカンタ。シートをかぶせると、状況を納得したのか、落ち着いた表情に。

③ 輸送箱はクレーンでトラックに積み込まれる。「秋田に行っても元気でがんばれよ」。

④ トラックはフェリーに乗り、翌日、秋田に到着。運転席には、カンタのようすを見るためのモニターがある。

⑤ 受け入れ先の大森山動物園では、7歳になるメスのキリンのリンリンが待っている。

A

多くの場合、動物園どうしで話し合い、貸し借りをします。外国から来る場合も同じです。ケガや病気の野生動物を保護して育てることもあります。

❻ ▲カンタのトラックが到着。輸送箱が慎重に下ろされる。

❼ 箱から顔を出し、新しい動物園を見渡すカンタ。

❽ ▲キリンの寝室では、カンタが歩きやすいように砂の状態を整える。

❾ ▲輸送箱のとびらがあけられ、おそるおそる寝室を見るカンタ。

❿ ▲手前の寝室に入ったカンタ。奥の部屋にいるリンリンは、気になるようすでカンタを見る。

⓫ ▲移動して1年。手前がカンタ、奥がリンリン。何年後かに、2頭の間に子どもができるかもしれない。

1章 動物園の動物たち

もっと知りたい！ 傷病鳥獣の保護

動物園では、ケガや病気になって動けない野生動物を保護することもあります。動物園で保護すべきかどうかは、その動物のケガや病気の状態を専門的に調べて判断しています。

25

コラム ジャイアントパンダやコアラがいる動物園が少ないわけ

動物園の人気者の、ジャイアントパンダやコアラ。しかし、どの動物園にもいるわけではありません。それはどうしてでしょう？

世界の多くの国が、「絶滅のおそれのある野生動植物の種の国際取引に関する条約（ワシントン条約）」を結んでいます。中国にすむジャイアントパンダは、特にきびしい取り決めがされたグループに入れられていて、おもに、絶滅を防ぎ、地球上で生き続けることを目指す研究のためにだけ、国外に出すことが許されています。動物園で展示が認められているのは、いきいきとした姿を伝えることで、かれらを守るのに役立つことが期待されているからなのです。

ワシントン条約に定められた動物のほかにも、野生では世界中でオーストラリアにしかいないコアラのように、生息地の国や地方政府の法律などで、国外へのもち出しがきびしく制限されている動物もいます。
また、人間と動物たちは、同じ細菌やウイルスなどに感染する可能性があります。そのような病気に関係する動物も、国外にもち出すのにきびしい検査や許可が必要で、動物園で見られないことがあるのです。

2章 動物園で働く人たち

動物園には、動物たちが健康でいきいきとくらし、長生きできるよう、また、なかまをふやしていけるよう、毎日支えている人たちがいます。動物園で働く人たちの仕事のようすを、見てみましょう。

飼育員の1日に密着！

日立市かみね動物園のゾウ班の1日を見てみましょう。

これがゾウの飼育員のかっこうです。どんな道具を使っているのでしょう？

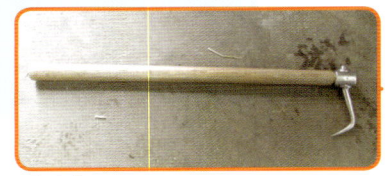

手鉤
先端でゾウにふれ、さまざまな行動の合図をする。万が一、ゾウと壁の間にはさまれそうになったとき、つっかえ棒のようにして、自分の身を守ることもできる。

無線
動物園は広く、飼育員はばらばらにそれぞれの現場にいるため、連絡用の無線は欠かせない。

エサ入れ
干し草を固めたもの（ヘイキューブ）を入れている。トレーニングのときに、ゾウが命令にうまくしたがえたら、「ごほうび」としてあたえる。

ペンチ
針金を曲げたり切ったり、飼育施設のちょっとした故障などを直したりするときに使う。ゾウ班の場合、ゾウの足につなぐチェーンの付け外しにも使う。

安全ぐつ
飼育員の安全を守るため、くつの甲のところに鉄板が入っている。

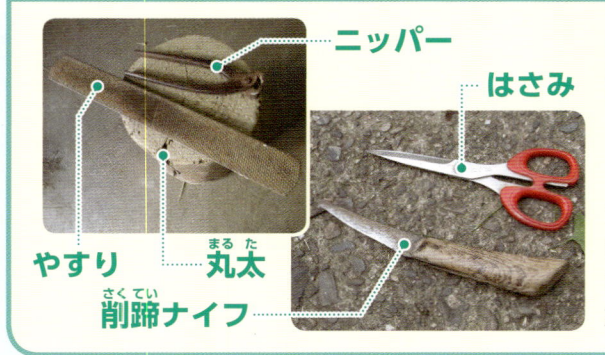

ゾウの飼育に必須！ つめ切り道具

- ニッパー
- はさみ
- やすり
- 丸太
- 削蹄ナイフ

ゾウの足の裏（蹄）は固く、溝があります。この溝にごみや石などがはさまると、歩き方がおかしくなり、足を痛めたり、健康をそこねたりするため、「つめ切り」を行います。丸太に足を載せ、ごみや石を取り除き、ニッパーでささくれなどを切り、やすりで形を整えます。

※ゾウの足の裏のつめ切り前と後の写真は、同じ足ではありません。

28

ゾウ班の1日

大内勇さん、木村聡志さん、高原和之さん、中本旅人さん

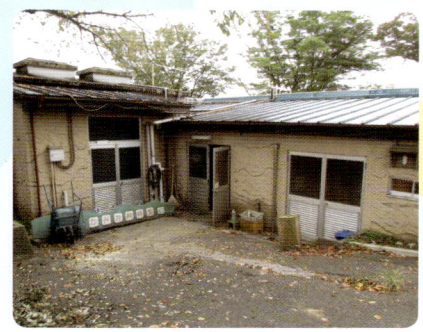

アジアゾウ班は全員で4人。ふたりずつ交代で出勤する。朝8時半、ゾウ飼育の1日が始まる。

朝一番に、ほうきで体をきれいにしてあげる。

足につないでいたチェーンを外す。夜の間はチェーンをつけ、思わぬケガを予防している。

足の裏をきれいにして、準備完了。

ゾウ班の控室にあるスイッチを押すと、運動場に出るとびらが開く。

「いい天気。スズコ、ミネコ、なかよくね」。ゾウは野生でも、メスどうし群れでくらす。

ゾウたちを出し終えて、ちょっとひといき。

2章 動物園で働く人たち

寝室そうじ開始。ふんを集める。集めたふんは、ゾウのエサとなるサトウキビの畑の肥料としても使っている。

水飲みの水をぬき、夕方に帰ってくるゾウたちのために入れかえる。

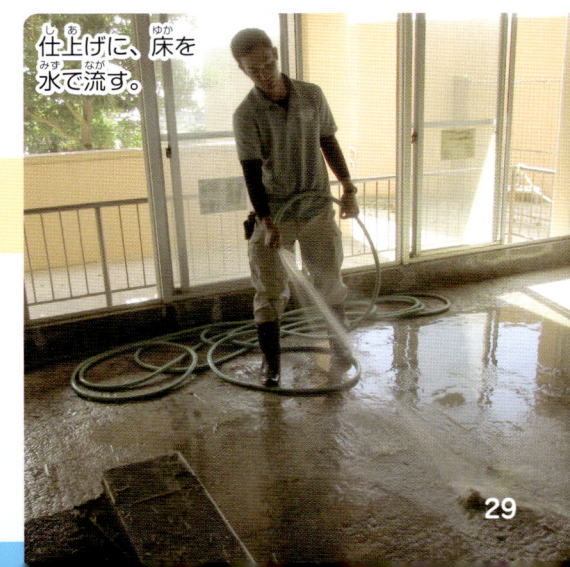

仕上げに、床を水で流す。

そうじの後はトレーニング。健康管理や、病気・ケガの治療のときに命令にしたがうよう、毎日決まった内容を行う。

蹄をやすりで整えたり、ひびわれ防止のオリーブオイルをぬったりする。

「おつかれさま。干し草をあげましょう」。この後、ゾウたちは自由時間に。

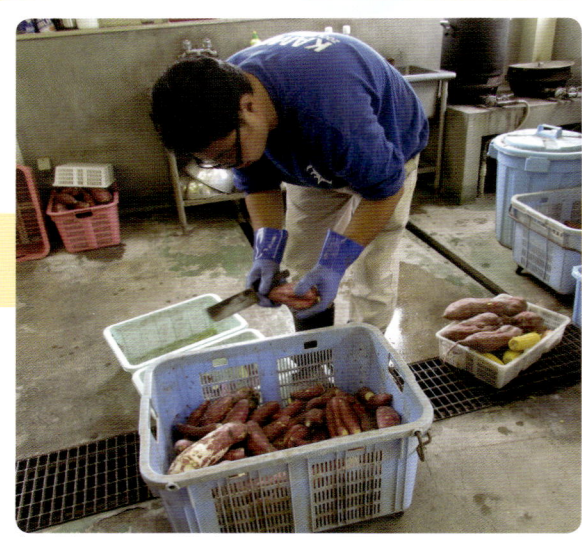

飼育員はゾウの夕食のしたく。イモやニンジン、栄養剤入りのパンなどを用意。

やっとお昼。お弁当を食べて元気回復。

ふれあい教室

ペンギンのエサやり体験

ツキノワグマの遊具づくり

ゾウ班は、ちがう担当動物や仕事も受けもっている。

昼過ぎは、ゾウが飼育員になれるためのトレーニング。

1時15分、来園者に人気の「おやつタイム」。ニンジンをあげて、鼻にさわって……「鼻って固い！」。

30

夕方4時半ころ。「さあ、1日も終わりです。寝室に帰りましょう」。

安全のため、足にチェーンをつける。夕食は準備しておく。「1日おつかれさま」。

1日の最後は運動場のそうじ。ふんや草で、排水溝がつまらないように気をつける。

「今日はこれでおしまい。また明日も元気にね」

2章 動物園で働く人たち

かみね動物園では、ゾウと同じ場所に入る「直接飼育」をしています。3年くらいやるとなれてきますが、大型動物と目の前で向き合うことへの「こわい」という気持ちもあります。いつも危険のそばにいる点を忘れないことも大切です。一方で、身近に接し続けることで愛着がましていきます。ゾウは気むずかしいところもありますが、感情がとても豊かな動物です。そして、なんといっても動物園の人気者。とてもやりがいのある担当です。

こんどは、猛獣の飼育員の1日を見てみましょう。

ライオン

ベンガルトラ

クロサイ

カバ

日立市かみね動物園の飼育員です。ライオンとベンガルトラの担当で、ほかに、カバやクロサイの世話もしています。

猛獣の飼育員の1日
川添久美子さん

飼育員用通路。左にライオン・トラの寝室、右に運動場がある。レバーで寝室のとびらを開くと、動物たちはこの通路の下を通って運動場に出る。「おはよう」。

朝8時。ライオンやトラの寝室から1日が始まる。

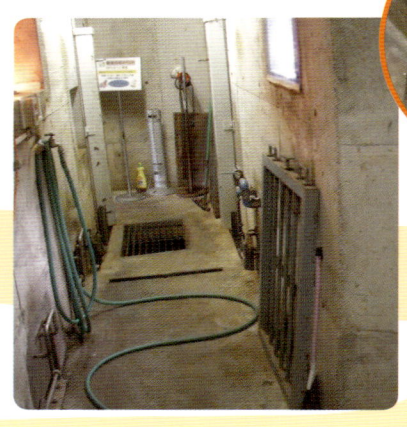

動物たちを出したら、寝室のそうじ。ふんは、ことばを話せない動物たちの、体の中のことを教えてくれる、大切な目印。

高圧水を使って、きれいにする。

昼になり、エサの用意。牛肉をライオンとトラで量り分ける。

こちらはクロサイの寝室。草食動物には、干し草・青草を用意する。

夕方、寝室にエサを運んで行く。4姉妹のライオンがケンカにならないように、四すみに分けて置く。

「ただいま。おいしそうな肉！」ライオンもトラも、夢中で食べる。

川添さんは運動場のそうじ。プールの水もぬいて今日の仕事はおしまい。

「おつかれさま。また明日」

2章 動物園で働く人たち

猛獣たちは具合が悪くても隠すので、毎日注意深く観察し、変化を見逃さないことが大切です。また、鍵の管理も大切で、とびらが閉まっているか、目で見て、手でさわって確かめます。そんな、迫力ある猛獣たちの魅力を伝えられたときは、やりがいを感じます。ライオンは、ほえたり、ほほをすりよせたりして、群れのきずなを確かめ合います。じゃれ合ったりもします。その姿を見て、「ライオンってやさしいね」と言ってもらえると、「よし！」と思います。

2章 動物園で働く人たち

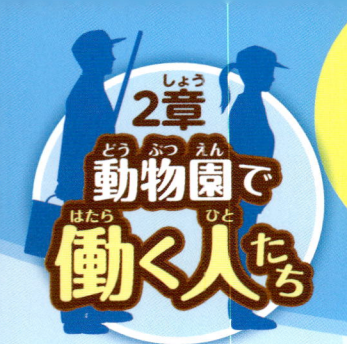

Q 動物たちはどんなものを食べているの？

●動物たちのエサづくり

動物によって、食べるもの、1日に食べる回数、量もさまざまです。動物に合わせて、飼育員がエサを用意しています。

アジアゾウ（日立市かみね動物園）

干し草や青草に加え、イモやニンジン、ビタミン剤やカルシウム剤をはさんだパンを用意してあたえている。1日にあたえる量は200kgにもなる。

ライオン（日立市かみね動物園）

成獣1頭あたり、牛肉4.5kgと、カルシウムをおぎなうために鶏頭をあたえている。野生ではえものをつかまえられない日もあるため、動物園でも1週間に1日、エサをあたえない日を設けている。

A 動物によってエサはことなります。野生での食生活になるべく近づけるよう、また、健康を保てるよう、栄養のバランスを考えてあたえています。

レッサーパンダ（千葉市動物公園）

竹や笹だけでなく、リンゴやオレンジ、トマト、ニンジン、キュウリ、イモ、たまご、にぼし、固形飼料などをあたえている。野生のレッサーパンダも、果物やドングリ、たまごなどを食べる。

ミナミコアリクイ（千葉市動物公園）

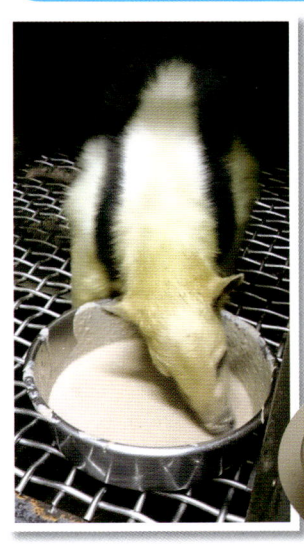

野生では、長い舌を使ってアリをなめ取って食べる。動物園では、バナナ、固形飼料、ペットフード、ヨーグルト、牛乳をミキサーにかけてドロドロにしたものをあたえている。

コアラ（横浜市立金沢動物園）

食べなれた種類のユーカリしか食べない。横浜市内、鹿児島、三重、沖縄などのユーカリ生産者から取り寄せている。においの強さ、新芽の多さで食べごろを判断し、1日に4～5種類をあたえている。

もっと知りたい！ 動物園の食事にならすには？

動物園で野生の個体を受け入れる場合、動物園のエサになれさせ、それを食べて生きられるようにしなければなりません。わんぱーくこうちアニマルランドで保護されたニホンカモシカの場合、シラカシ・ヤマモモなどの枝葉をあたえ、リンゴやパンで栄養をおぎないながら、固形飼料にならしていきました。野生のカモシカの胃の内容物も参考にしてエサを決めています。

2章 動物園で働く人たち

ここがすごい！エサやりの工夫

多くの野生動物は活動時間のほとんどを食べ物を探すことや食事にあてています。動物園でも、エサのやり方を工夫することで食事の時間を長くしています。

アライグマ（日立市かみね動物園）

▼あなのあいた竹筒にエサを入れてつるしておくと、前足で器用に竹筒をあやつって、エサを取り出すようすが観察できる。

アライグマは、器用で敏感で力強い前足をもっている。何かをあらっているように見えるのは、水中の生きものを手さぐりでとらえて食べるための行動。

ミーアキャット（千葉市動物公園）

ミーアキャットは、小鳥やトカゲ、昆虫などを食べる。中身をぬいてあなをあけたダチョウのたまごの中や、木の板にあけたあなに、ミルワームという虫の幼虫を入れておくと、前足を器用に使ってミルワームを取り出し、食べるようすが観察できる。

チンパンジー（宮崎市フェニックス自然動物園）

チンパンジーは、人間に近い知能をもち、自分で道具をつくったり、使ったりすることができる。野生ではシロアリの巣に枝を刺し、つり出して食べるが、このしかけでは、チンパンジーが枝にヨーグルトをつけて食べるようすが観察できる。

▲しかけ以外にも、オレンジを落としてしまったときに、枝を使って引きよせるなど、道具を使う姿が見られることもある。

アジアゾウ（横浜市立金沢動物園）

ゾウは、ミニトマトをつまめるほどの、とても器用な鼻（上くちびるがのびたもの）をもっている。この鼻を生かして、小さなあなのあいた容器からエサを取り出すようすが観察できる。

エサやりツアーに参加してみよう！

いろいろな動物園で、動物たちへの「エサやり体験」が行われています。楽しみながら、動物ごとのエサのちがいや食べ方を学ぶことができます。

フンボルトペンギンは、魚をくちばしでくわえると、丸のみする。

アミメキリンは、長い舌でまき取るようにして木の葉を食べる。

2章 動物園で働く人たち

37

2章 動物園で働く人たち

Q そうじはたいへんですか？

● **ふんは語る**

ことばをしゃべれない動物の体の具合を知りたいとき、動物の体を通って出てくるふんは、いろいろなことを教えてくれます。そのふんの形は、動物やその食べ物によってちがっています。

アジアゾウ

食べた草が形を残す大きなふん。大きな体を支えるには、たくさんの栄養が必要で、1日に200kgものエサを食べ、その半分の100kgほどをふんとして出す。

▼ゾウのふんを肥料にして、ゾウのエサとなるサトウキビを育てている動物園もある。

▲運動場に散らばったふんや、夜の間に寝室で出されたふんをかき集めて山盛りにして運ぶ。

ピックアップ！ ゾウのふんから紙ができる!?

ゾウのふんには食べた草の繊維がたくさん残っています。ふんを干してから、ゆでて殺菌すると、草のようないいにおいのする繊維が取れます。その繊維を細かくして水にとかしたものを、すいて、かわかすと紙ができあがります。

できあがり！

A 動物たちは毎日ふんをするので、動物たちが病気にならないように毎日そうじします。ふんを見ると体調がわかるので、そうじをしながら観察します。

ライオン
肉を食べるライオンのふんは、黒っぽく、とてもくさい。

カバ
ほとんどのふんを水中でするため、プールの水がにごってしまい、水の入れかえがたいへん。  

レッサーパンダ
竹を食べるレッサーパンダのふんは、だ円形で竹のいいにおいがする。

ヤギ
ころころした小さなふんで、そうじがしやすい。

ケープペンギン
鳥はふんもおしっこも、おしりから出す。白くてどろりとしたものがおしっこ。

▼ペンギンは魚を食べるので、ふんのにおいが強い。白いペンキのようにこびりついたのをそうじするのはたいへん。

2章 動物園で働く人たち

2章 動物園で働く人たち

Q 動物たちにトレーニングをしているって本当？

●ハズバンダリー・トレーニング

病気の治療をしたり、ふだんの健康管理をしたりするために、トレーニングは必要です。このような目的のためのトレーニングを、「ハズバンダリー・トレーニング」といいます。

アミメキリンのトレーニング

▲「何かの行動をする・処置を受ける→ごほうび（おやつ）をあたえる」という約束を教える。「おやつ」は、小さく切ったリンゴ。

▲目印のついた棒の先に、鼻先や足などをつけるトレーニング。

トレーニングにより、麻酔を使わなくても蹄の手入れができたり、注射をして血液がとれるようになったりする。動物の体に負担がかからず、また、少しの約束事なので、必要以上に飼いならして、野生動物たちの自然な行動をゆがめることもない。

A

動物園では、動物たちが健康で落ち着いたくらしができるように、トレーニングをしています。それにより、安全に飼育できるようになります。

グラントシマウマのトレーニング

▲シマウマは性格があらく、さわられることをあまり好まない。「さわる→ごほうび」という約束をはっきりさせることで、少しずつならしていく。

◀蹄をけずってあげられるようになり、シマウマは健康にくらせるようになる。

カバのトレーニング

カバとの間に約束が成り立っていると、歯みがきを終えて笛をふくまで、カバは口をあけて待っていてくれる。

もっと知りたい！ ステージのうら側

ハズバンダリー・トレーニングを知ることで、動物園でのステージをより深く理解できます。右の写真では、目印のついた棒を合図に動いていることがわかります。トレーニングによって、その動物本来の習性や能力を楽しく紹介できるようになるのです。

2章 動物園で働く人たち

41

2章 動物園で働く人たち

Q 動物が病気になったらどうするの？

● 獣医師の仕事

動物病院には獣医師という動物専門のお医者さんがいます。動物園にくらすさまざまな動物たちを相手に、どのように診察や治療をしているのでしょう？　秋田市大森山動物園の獣医師の仕事を例に見てみましょう。

動物の診療の流れ

診断
聴診器で調べたり、注射器で採血したり、レントゲンでケガの具合を調べたりする。

▲ゾウは耳のうらから採血する。

じっとして、えらかったね。

治療・手術
点滴をしたり、薬の入ったエサを食べさせたりする。ケガの場合は手術もする。

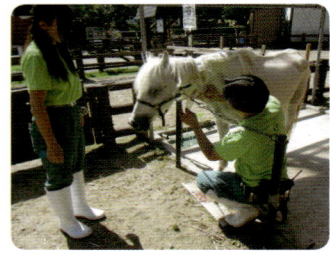

▲ポニーのおじいさん。肝臓が悪く、点滴をしてあげる。

▲きばが折れたアフリカゾウ。歯科医も立ち合い、治療する。

健康診断
ふだんの健康診断や病気の予防も、獣医師の大切な仕事。体重も健康の目安になる。飼育員が動物を抱えて体重を量り、そこから飼育員の体重を引くこともある。

入院・退院
病気やケガが良くなれば、展示場に戻し、経過を観察する。治らない場合は動物病院に入院させる。

▶水鳥などのための入院部屋。プールがついている。

A

動物園には動物病院があり、獣医師という動物のお医者さんがいます。病気になったり、ケガをしたりしたら、人間と同じように診察や治療をします。

獣医師の道具紹介

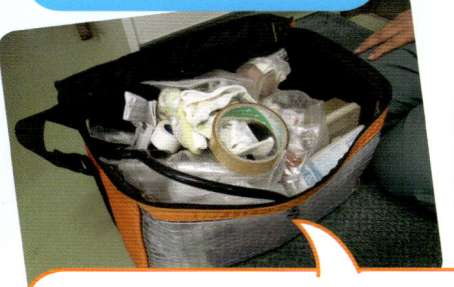

往診バッグには何が入っている？

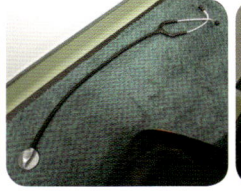

体温計、聴診器、検便容器、注射器、包帯、薬……、人間の診療で使う道具とほとんど同じ。

ひみつの道具

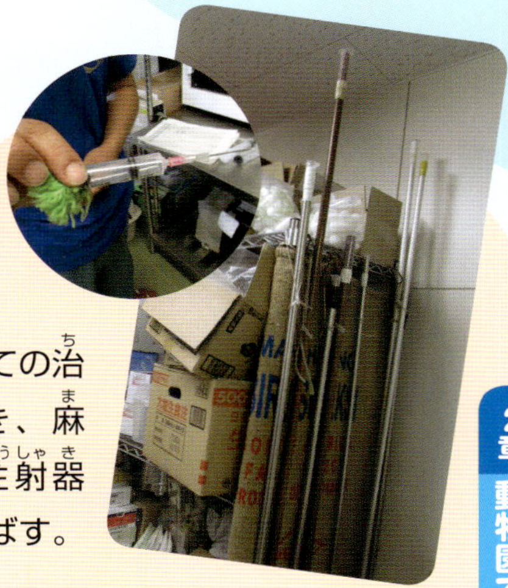

麻酔ふき矢
動物をねむらせての治療が必要なとき、麻酔薬の入った注射器を口でふいて飛ばす。

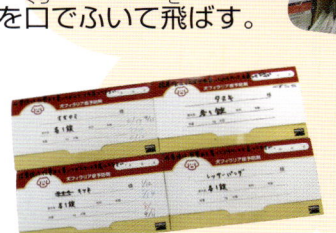

お薬手帳
飼育員に渡すお薬手帳がある。

ある日のペンギンの診療

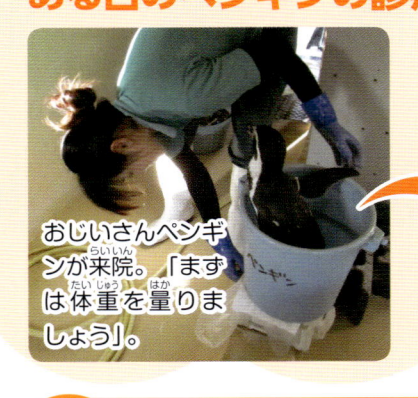

おじいさんペンギンが来院。「まずは体重を量りましょう」。

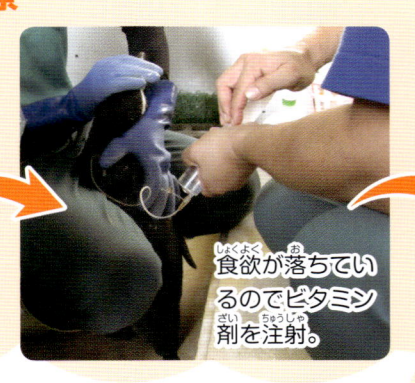

食欲が落ちているのでビタミン剤を注射。

やれやれ。ちょっと元気が出てきたぞ。

もっと知りたい！ 死んでしまった動物はどうなるの？

動物園の動物は、寿命や病気などでいずれ死んでしまいます。動物園には、死んだ動物たちの記念碑があります。

2章 動物園で働く人たち

43

コラム 動物園の飼育員になるには

実際に動物園で働いている飼育員の方にお話を聞いてみましょう。

大栗靖代さん

日立市かみね動物園の飼育員。マンドリルなどのいる「サルの楽園」担当。チンパンジーも副担当。

Q. いつから飼育員になろうと思っていましたか？

A. 小さいころから、「動物にかかわる仕事がしたい」と思っていました。大学生のときに動物園実習（飼育の手伝いをする勉強）をして、とても楽しかったのが、「動物園の飼育員になりたい！」と強く願うようになったきっかけです。

Q. どうすれば飼育員になれますか？

A. 私の場合は、動物のことを学べる大学に入り、実習の後、「こども動物園」でアルバイトを始めました。その後、サルの臨時飼育員になって経験を積み、日立市かみね動物園の飼育員になりました。

Q. 飼育員をしていて、うれしかったことは何ですか？

A. チンパンジーの人工哺育から群れ入れという、貴重な経験ができたことです。たいへんなこともありましたが、心から楽しめる仕事だと感じました。

Q. 最後に、子どもたちに向けてメッセージをお願いします。

A. 飼育員には、勉強をして試験に合格しなければなれません。でも、一番大切だと思うのは、「動物が好きで、人が好きなこと」です。動物を毎日見られることを楽しいと思える人は、ことばをしゃべれない動物たちのわずかな変化にも気づいて、健康を守ってあげられるでしょう。また、飼育員は来園者に動物たちのことを伝える役割もあります。来園者が何か「発見」してくれるのをうれしい気持ちで手伝えれば、すてきな飼育員になれるでしょう。

みなさんは飼育員になりたいですか？
大栗さんのお話が、みなさんの役に立つといいと思っています。

まだまだいます！ 動物園を支える人たち

券売所
▲入園券をどうぞ。すてきな「動物世界旅行」のチケットです。

園内清掃
▲みなさんが気持ちよく、動物たちに会いに行けますように。

売店
▲缶バッジ、おかし、かわいいおみやげもいっぱいですよ。

事務室
▲書類やデータを管理して、動物園の毎日を守っています。

園長
▲連絡や許可をします。そして、みんなをまとめるのが動物園長です。

44

3章 動物園で生まれて育つ命

動物園にはさまざまな動物のオスとメスがいて、そこから新たな命が生まれます。その命の誕生のうらには、動物園ならではの苦労や工夫があります。動物の赤ちゃんと、それを支える人たちの姿を見てみましょう。

動物園の赤ちゃん大集合!

動物園では飼育員の努力や工夫もあって、たくさんの赤ちゃんが誕生します。ここでは、動物園で誕生したほほえましい赤ちゃんの姿を見てみましょう。

アジアゾウ
赤ちゃんのころは、まだ鼻が短く、上手に使えない。鼻を使えるようになると、砂浴びなどの遊びを始める。

ジャイアントパンダ
親子そろってお昼寝が大好き。子どもどうしで遊ぶ姿もよく見られる。

マサイキリン
生まれてすぐの赤ちゃんも背が高く、180cmくらいある。母親は、顔を近づけて、愛情を伝える。

マレーグマ
軽くかんだり、かまれたり……。親子にとってのなかよしの印。

ライオン
子どもには、体にはん点もようがある。
オスは、少しずつたてがみが生えてくる。

カバ
母親のことが大好きで、
水の中でも、外でも、いつもいっしょにいる。

チーター
赤ちゃんのころは、銀色のたてがみがある。
母親は赤ちゃんを軽くくわえて、いっしょに移動する。

グラントシマウマ
赤ちゃんも、母親と同じしましまもよう。
黒のしまが、まだ茶色っぽい。

オオカンガルー
赤ちゃんは2〜3cmくらいの大きさで生まれ、ふくろの中で8ヵ月ほど過ごす。ふくろから出た後も、母乳を飲む姿が見られる。

3章 動物園で生まれて育つ命

47

スマトラオランウータン
赤ちゃんは、人間の赤ちゃんにそっくり。母親に育てられ、8～10歳のころにひとり立ちする。

ホンドギツネ
母親は巣穴を掘って、その中で4～5頭くらい赤ちゃんを産む。

フタユビナマケモノ
木にぶら下がるためのじょうぶなつめで、母親にぎゅっとしがみついている。

マレーバク
赤ちゃんのころは、白い線や点々のもようがある。だんだんもようが消え、母親と同じもようになる。

マタコミツオビアルマジロ
小さいころから丸くなれる。この写真は、母親がエサを食べているうちに体重を量ったときのもの。

ボリビアリスザル
木の上でくらすため、赤ちゃんは落ちないように、ぎゅっと母親にしがみついている。

ヌートリア
赤ちゃんは、生まれて1日くらいで泳げるようになる。泳ぎながら母乳も飲める。

ミナミコアリクイ
赤ちゃんは母親にしがみついている。親子の体のもようが、うまく赤ちゃんを隠す。

カリフォルニアアシカ
赤ちゃんは母親に助けられながら、生まれて1週間くらいで水に入れるようになる。

ミーアキャット
赤ちゃんは、群れといっしょに土に掘った巣穴でくらす。

ジェンツーペンギン
父親と母親が交互にたまごを温め、やがて、おなかの下から赤ちゃんが顔を出す。

ケヅメリクガメ
父親はとても大きいけれど、赤ちゃんのころは小さい。

3章 動物園で生まれて育つ命

49

3章 動物園で生まれて育つ命

Q 赤ちゃんはどのようにして生まれるの？

● 群れの中の繁殖

ここでは、フラミンゴとニホンザルを例に、動物園の中で群れでくらす動物の繁殖と、そのうらにある飼育員の工夫を見てみましょう。

繁殖行動をするチリーフラミンゴ。

フラミンゴの繁殖から育児まで

野生のフラミンゴは、数千～数百万羽にもなる群れをつくりくらす。動物園でも多くの個体をいっしょに飼い、群れの生活を再現している。

◀繁殖のときには、オスとメスが一対一のペアになる。

▲産卵が近づくと、親鳥が泥を集めて巣をつくる。産んだたまごは、オスとメスが交代で温め、ひと月ほどでヒナがかえる。

◀ヒナは母親・父親から、「フラミンゴミルク」という消化管の一部がはがれた液状のものを、口うつしでもらって育つ。このフラミンゴミルクは、栄養たっぷり。ヒナの間は灰色だが、2～3年で親と同じピンク色になる。

A 動物園は、野生の動物がくらす生活環境とはことなります。自然に繁殖行動をすることはあまり多くなく、飼育員が繁殖をうながす工夫をしています。

フラミンゴの繁殖のスイッチを入れる工夫

フラミンゴの場合、放っておくと、自分たちでは巣をつくったりたまごを産んだりしないことが多いので、そのようなときには、飼育員がきっかけをつくってやる。右の写真の土の山は、飼育員が盛り上げたもの。たまごが産んであるように見えるが、これも飼育員が置いた擬卵（にせもののたまご）である。

▶上：無精卵（ヒナに育つ力のないたまご）の中身をぬき、石膏をつめたたまご。
下：木をけずってつくったたまご。

◀土の山や擬卵を見ると、「だれかが先にたまごを産んだ！」と思うのか、やる気を起こし、擬卵をどけて、自分たちのたまごを産みつける。

◀無事ヒナがかえり、繁殖は大成功。

サル山と繁殖

ニホンザルは、サル山で自由にさせておけば自然にふえるのではないか、と思われるが、サルの繁殖も環境づくりが大切。回し車や、渡ることのできるロープなどを用意し、野生の山の中と同じように、サルたちが楽しく落ち着いてくらせる環境をつくることが、サルたちの自然な行動を引き出し、繁殖行動へとつながる。

3章 動物園で生まれて育つ命

3章 動物園で生まれて育つ命

Q 動物どうしがお見合いをするって本当?

●オスとメスの出会いをつくる「お見合い」

野生では1頭でくらす動物は、ばったり出会った異性と結ばれ繁殖します。動物園でも、なるべく同じような出会いをさせるため、「お見合い」をさせています。ここでは、市川市動植物園のレッサーパンダを例に、「お見合い」による飼育・繁殖の工夫を見ていきましょう。

求愛行動の観察

野生のレッサーパンダは、中国などの山の竹林にすみ、オスもメスも1頭でくらす。動物園では、繁殖が期待されるオス・メスをとなり合わせに1頭ずつ飼育する。交尾のシーズンは12～3月ごろ。メスを気にするオスのようすや、おたがいに「キュルキュル」と特別な声で鳴くのを観察して、同居のタイミングをはかる。交互にたがいの運動場に入れると、おしりをこすりつけてにおいを残すので、相手への関心が高まる。

交尾・出産への準備

バックヤードでは、ふだんはとなりが見える寝室を、板でさえぎり、運動場でしか会えないようにして、竹林の中で偶然に出会うのと同じ状態をつくる。出産のための巣箱を用意し、干し草やわら、竹の葉などを入れておく。

A

オスもメスも群れをつくらず1頭で生活し、異性と出会い繁殖する動物がいます。動物園では、そのような動物に「お見合い」をさせ、繁殖させます。

同居から交尾へ

たがいの気持ちが高まっている2～3日を見逃さず、同居させると交尾を行う。交尾の後、出産までは120～140日くらい。100日を過ぎたころから、飼育員は特に注意して観察する。運動場とバックヤードの間の入口をあけたままにして、メスがいつでも巣箱に戻れるようにしておく。

出産

出産は6～7月の夜中から朝に行われることが多い。飼育員は、朝、鳴き声や音がすると、「あ、生まれたな」とわかる。数日は展示を中止し、母親はバックヤードで過ごす。出産の2～3日後、母親が食事の間にすばやく巣箱の中の赤ちゃんのようすを確かめる。赤ちゃんは一度に1～2頭生まれ、体重は100gくらい。目はあいていなく、親のようなもようはまだない。

赤ちゃんの観察

母親は、巣箱の中で母乳をあげる。ひと月くらいすると、母親が子どもをくわえて出てくる。母親が運動場で食事をするようになったら、その間に、子どもの体重などを量る。このときは、母親のふんをすりこんだ軍手を使い、後で母親が人のにおいを気にしないようにする。体重がふえていれば、ちゃんと母乳を飲んでいる証拠。

子どもの成長

子どもが歩けるようになると、竹の葉をかんでみたり、母親とじゃれたりする。生後4ヵ月くらいで、来園者の前に出すために、運動場にならす。こうして、しばらくは母子でのくらしが続き、2歳くらいで、おとなになる。

3章 動物園で生まれて育つ命

53

3章 動物園で生まれて育つ命

Q 人工哺育って何？

● 人工哺育で命をつなぐ

本来、動物園であっても、赤ちゃんは実際の親に育てられるのが一番ですが、さまざまな理由で、人工哺育に切り替えなくてはならないことがあります。日立市かみね動物園の「チンパンジーの森」では、人工哺育が2例続きました。自然な親子の姿を取り戻すまでの、動物園のスタッフの苦心と働きかけを見てみましょう。

▲ゴウ（メスの子ども）と、ヨウ（母親）。あたりまえのような光景だが、こうなるまでには、たくさんの出来事があった。

▲生後2ヵ月過ぎ。はじめは、人間用の保育器で育てられた。

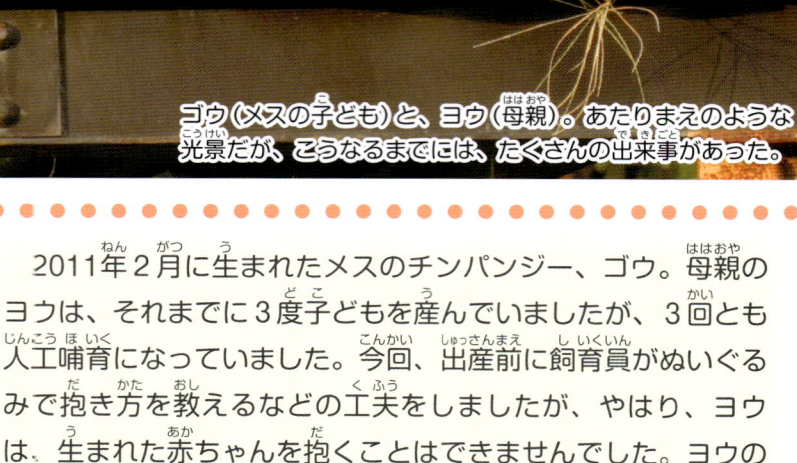

▲生後4ヵ月くらい。人間の赤ちゃんと御対面。

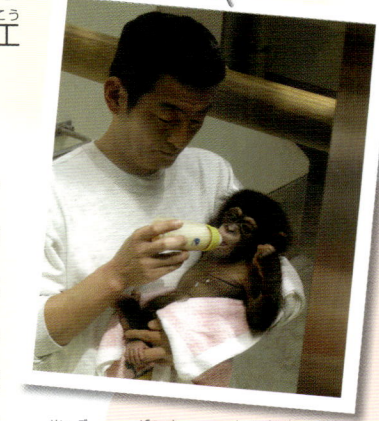

2011年2月に生まれたメスのチンパンジー、ゴウ。母親のヨウは、それまでに3度子どもを産んでいましたが、3回とも人工哺育になっていました。今回、出産前に飼育員がぬいぐるみで抱き方を教えるなどの工夫をしましたが、やはり、ヨウは、生まれた赤ちゃんを抱くことはできませんでした。ヨウの赤ちゃんに対しての関心がほとんどないことと、真冬でもあったため、人工哺育をする決定をしました。

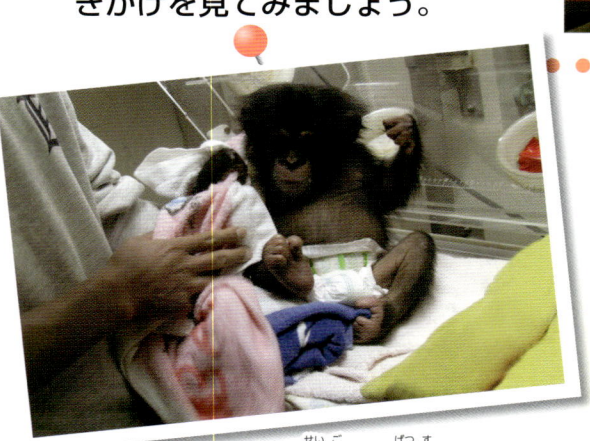

人工哺育は、命をつなぐことが一番の目的ですが、少しでも「チンパンジーらしく」育てることが目指されます。チンパンジーは群れをつくる動物なので、群れに帰すことも重要です。そのために、ふつうは、子ども好き・世話好きのメスに、「母親代わり」になってもらいますが、今回は、母親のヨウ自身にゴウを受け入れてもらう計画を立てました。

▲生後2ヵ月過ぎ。飼育員・山内直朗さんによる公開授乳。

54

A

出産した母親が、きちんと赤ちゃんの世話をできないなど、大きな危険が見られるとき、赤ちゃんを飼育員の手で育てる「人工哺育」が行われます。

◀ 左：生後5ヵ月過ぎのゴウ。
右：母親のヨウは、となりの部屋からゴウを気にかける。

まずは、同じ部屋の中で、飼育員が直接、ヨウにゴウを抱くようにうながしました。初めは抱くことをいやがっていたヨウでしたが、ゴウとの接触に刺激されたのか、3週間が過ぎたある日、自分のおなかにゴウを受け入れ、やさしくしっかり抱いてくれました。

それからしばらくは、飼育員の山内さんとヨウ、ゴウで過ごし、親子の関係づくりを行いました。ゴウの認識力が出てくると、山内さんを頼るようになったので、ゴウとヨウふたりきりの練習に変えました。

少しずつ同居の時間をのばし、となりどうしの部屋で格子窓ごしに自由にふれあえるようにしました。山内さんはカメラ中継のモニターで、じっと見守り続けました。

▲ 生後1年ころ。モニターでゴウ（上）とヨウ（下）の姿を見守る。

▶ ゴウと、母親ちがいの兄のユウ。

10月ごろには、ヨウとゴウはびっくりするほどなかよく、良い関係になり、じゃれあったり、追いかけっこをしたりして、楽しそうに過ごすようになりました。ゴウはずっと、ひとりでタオルを抱いて寝ていましたが、1歳になるころには、お母さんのおなかに抱きついて寝ることができるようになりました。

ゴウは、群れのなかまとも、見る間になじんでいき、1歳4ヵ月で完全に群れの中に入ることができました。小さな子どもが加わった群れは、みんながゴウをかわいがり、今まで以上に、いきいきとしました。

◀ ゴウとヨウを静かに見守る、ゴウの父親のゴヒチ。

そして、そのころ、もう1つの新しい命が生まれました。

3章 動物園で生まれて育つ命

55

2012年4月、チンパンジーの群れの中のもうひとりのメス、マツコが出産しました。生まれたのはオス。父親は、ゴウと同じでゴヒチです。つまり、ゴウの弟が生まれたのです。マツコは、一生けんめいに赤ちゃんを抱こうとしていましたが、生まれた赤ちゃんはとても小さく（ゴウが生まれたときの半分くらい）、そのままでは生きられないと思われました。そこで、今回も飼育員がしばらくあずかり、人工哺育をすることにしました。

　ゴウの弟はリョウマと名づけられました。飼育員の細やかな世話で、すくすくと育っていきます。格子ごしに会わせる母親のマツコも、ずっとリョウマに興味をもっているようすで、リョウマが十分に育てば、マツコの手に帰し、いっしょに群れに入れられそうでした。

◀生後6ヵ月過ぎ、人工哺育中のリョウマ。

　リョウマは生後10ヵ月を過ぎて、マツコといっしょに過ごすようになりました。ミルクは、格子ごしに飼育員があたえますが、マツコがリョウマを大切にするようすは、ずっといっしょだった親子と、少しも変わりません。さらには、ゴウやヨウといっしょに過ごすようになり、そして、ちょうど1歳になるころ、ついに群れのなかまに入れてもらえたのです。

▲マツコ、リョウマ、ゴヒチ。

ゴウとリョウマ、ふたりのチンパンジーが、こんなに早く、チンパンジーらしい生活を始めることができたのは、飼育員の努力、群れをまとめるオスのゴヒチの力など、すべてが結びつき、重なり合ってのことでしょう。

▶マツコとリョウマ。親子なかよく食事中。

▲▶ゴウとリョウマ。ふたりはとってもなかよし。お姉ちゃんの頭をぺしぺしたたいて遊んでいる。

やがて、ゴウとリョウマが大きくなり、それぞれに母親・父親になるとき、かみね動物園の人工哺育は、本当のゴールに行き着くのです。

◀2歳8ヵ月になったゴウ。だんだんとおとなびて、顔が黒くなってきた。

3章 動物園で生まれて育つ命

コラム　動物園の役割

動物園には、大きく4つの役割があります。

❶ レクリエーションの場

動物園は何よりも、楽しく過ごせる場所であり、自然と学べる場所です。家族みんなで出かけてもいいですし、ひとりでのんびり散歩をしながらでも、たくさんの動物たちのいきいきした姿に出会えます。そうやって、いつの間にか、「命の大切さ」や「生きることの美しさ」を知ることができるでしょう。心から楽しいと感じられたら、その気持ち良さを、動物園の動物や野生でくらす動物たちとも分け合う方法を考えてみましょう。

❷ 教育の場

本や映像だけではわからない、動物たちのにおいや大きさ……。動物園で動物たちの前に、ほんの少し足を止めて観察するだけで、いろいろなことが感じられます。さらには、野生でのかれらの生活・食べ物・くらしている環境などにも、興味は広がっていくでしょう。動物園はガイドや解説板などで、そんな疑問にも答えようとしています。みんなが生きものと地球全体のつながりについて学ぶきっかけをつくっているのです。

❸ 種の保存（自然保護）

動物園には、たくさんのめずらしい動物がいますが、かれらは、数が減っていたり、すみかがこわされていたりという危機の中にある種でもあります。動物園は、地球全体の財産でもあるこれらの種を飼育し、ふやし、絶滅をふせぎながら、かれらを展示することで、みんなに動物と環境の保護に関心をもたせる役割を果たしています。動物園のすぐれた技術や研究成果は、ときに、動物たちの生息地でも活用されています。

現在、唯一生き残っている野生馬、モウコノウマ。一度は絶滅したが、動物園などで飼育していた個体を、ふるさとのモンゴルにかえすことで、野生復帰を進めている。

❹ 調査・研究

動物園でくらす動物たちが健康に、できる限り本来に近い姿で生きられるように、そして、子孫をふやし続けられるように、動物園のスタッフは、かれらのことを細かく観察し、研究を積み重ねています。動物園のスタッフが野生の生息地に出かけることもありますし、大学などとさまざまな協力もしています。飼育技術を高め、動物たちがどうしたら一番気持ち良くくらせるかを考えることも、大切な研究テーマです。

札幌市円山動物園のは虫類・両生類館にある「センターラボ」。ヨウスコウワニなど、世界的にもめずらしい繁殖例がある。

3章 動物園で生まれて育つ命

これらの役割を果たすため、動物園で働く人たちは、一生けんめい、動物たちに向き合って、動物たちを大切にしているのです。

動物園に行こう！全国動物園ガイド

日本全国にたくさんの動物園があります。自分の住んでいる地域にある動物園に足を運んでみましょう。

※ここで紹介している情報は、2015年4月現在の動物園の電話番号とホームページのアドレスです。

北海道・東北地方

- **札幌市円山動物園**（北海道札幌市）
  011-621-1426　http://www.city.sapporo.jp/zoo/

- **旭山動物園**（北海道旭川市）
  0166-36-1104
  http://www5.city.asahikawa.hokkaido.jp/asahiyamazoo/

- **おびひろ動物園**（北海道帯広市）
  0155-24-2437　http://www.obihirozoo.jp

- **釧路市動物園**（北海道釧路市）
  0154-56-2121
  http://www.city.kushiro.lg.jp/zoo/

- **弥生いこいの広場**（青森県弘前市）
  0172-96-2117
  http://www.hirosakipark.or.jp/yayoi/

- **秋田市大森山動物園　ミルヴェ**（秋田県秋田市）
  018-828-5508
  http://www.city.akita.akita.jp/city/in/zoo/

- **盛岡市動物公園**（岩手県盛岡市）
  019-654-8266　http://moriokazoo.org

- **仙台市八木山動物公園**（宮城県仙台市）
  022-229-0631
  http://www.city.sendai.jp/kensetsu/yagiyama/

関東地方

- **宇都宮動物園**（栃木県宇都宮市）
  028-665-4255　http://www.utsunomiya-zoo.com

- **那須どうぶつ王国**（栃木県那須町）
  0287-77-1110　http://www.nasu-oukoku.com

- **桐生が岡動物園**（群馬県桐生市）
  0277-22-4442
  http://www.city.kiryu.gunma.jp/web/home.nsf/0/
  38fcba59527dd68349257110000b5cf4?OpenDocument

- **群馬サファリパーク**（群馬県富岡市）
  0274-64-2111　http://www.safari.co.jp

- **日立市かみね動物園**（茨城県日立市）
  0294-22-5586
  http://www.city.hitachi.lg.jp/zoo/

- **大宮公園小動物園**（埼玉県さいたま市）
  048-641-6391　http://www.parks.or.jp/omiyazoo/

- **埼玉県こども動物自然公園**（埼玉県東松山市）
  0493-35-1234　http://www.parks.or.jp/sczoo/

- **東武動物公園**（埼玉県宮代町）
  0480-93-1200　http://www.tobuzoo.com

- **狭山市立智光山公園こども動物園**（埼玉県狭山市）
  04-2953-9779
  http://www.parks.or.jp/chikozan/zoo/

- **上野動物園**（東京都台東区）
  03-3828-5171　http://www.tokyo-zoo.net/zoo/ueno/

- **多摩動物公園**（東京都日野市）
  042-591-1611　http://www.tokyo-zoo.net/zoo/tama/

- **井の頭自然文化園**（東京都武蔵野市）
  0422-46-1100　http://www.tokyo-zoo.net/zoo/ino/

- **大島公園動物園**（東京都大島町）
  04992-2-9111　http://oshimakoen.jp/zoo/

- **羽村市動物公園**（東京都羽村市）
  042-579-4041　http://www.t-net.ne.jp/~hamura-z/

- **江戸川区自然動物園**（東京都江戸川区）
  03-3680-0777　http://edogawa-kankyozaidan.jp/zoo/

- **足立区生物園**（東京都足立区）
  03-3884-5577
  http://www.seibutuen.jp

- **千葉市動物公園**（千葉県千葉市）
  043-252-1111　http://www.city.chiba.jp/zoo/

- **市川市動植物園**（千葉県市川市）
  047-338-1960　http://www.city.ichikawa.lg.jp/zoo/

- **市原ぞうの国**（千葉県市原市）
  0436-88-3001　http://www.zounokuni.com

- 川崎市夢見ケ崎動物公園 (神奈川県川崎市)
  044-588-4030
  http://www.city.kawasaki.jp/shisetsu/category/30-26-0-0-0-0-0-0-0.html
- 横浜市立野毛山動物園 (神奈川県横浜市)
  045-231-1307　http://www2.nogeyama-zoo.org
- 横浜市立金沢動物園 (神奈川県横浜市)
  045-783-9100
  http://www2.kanazawa-zoo.org
- よこはま動物園ズーラシア (神奈川県横浜市)
  045-959-1000　http://www2.zoorasia.org/

中部地方

- 甲府市遊亀公園附属動物園 (山梨県甲府市)
  055-233-3875　http://www.city.kofu.yamanashi.jp/zoo/
- 富山市ファミリーパーク (富山県富山市)
  076-434-1234　http://www.toyama-familypark.jp
- 高岡古城公園動物園 (富山県高岡市)
  0766-20-1565
  http://www.takaoka-bunka.com/zoo/
- いしかわ動物園 (石川県能美市)
  0761-51-8500　http://www.ishikawazoo.jp
- 鯖江市西山動物園 (福井県鯖江市)
  0778-52-2737
  http://www.city.sabae.fukui.jp/users/zoo/doubutu.html
- 小諸市動物園 (長野県小諸市)
  0267-22-0296
  http://www.city.komoro.lg.jp/category/institution/kouen/komoro-zoo/
- 須坂市動物園 (長野県須坂市)
  026-245-1770
  http://www.city.suzaka.nagano.jp/enjoy/kankou/suzakazoo/index.php
- 長野市茶臼山動物園 (長野県長野市)
  026-293-5167　http://www.chausuyama.com
- 飯田市立動物園 (長野県飯田市)
  0265-22-0416　http://iidazoo.jp
- 大町山岳博物館付属園 (長野県大町市)
  0261-22-0211
  http://www.omachi-sanpaku.com/facility/garden/
- 三島市立公園楽寿園 (静岡県三島市)
  055-975-2570
  http://www.city.mishima.shizuoka.jp/rakujyu/
- 富士サファリパーク (静岡県裾野市)
  055-998-1311　http://www.fujisafari.co.jp
- 伊豆アニマルキングダム (静岡県東伊豆町)
  0557-95-3535　http://izu-kamori.jp/izu-biopark/
- 伊豆シャボテン公園 (静岡県伊東市)
  0557-51-1111　http://izushaboten.com
- 熱川バナナワニ園 (静岡県東伊豆町)
  0557-23-1105
  http://www.i-younet.ne.jp/~wanien/
- 静岡市立日本平動物園 (静岡県静岡市)
  054-262-3251　http://www.nhdzoo.jp
- 浜松市動物園 (静岡県浜松市)
  053-487-1122
  http://www.city.hamamatsu.shizuoka.jp/hamazoo/
- 豊橋総合動植物公園　のんほいパーク (愛知県豊橋市)
  0532-41-2185　http://www.nonhoi.jp
- 東山動植物園 (愛知県名古屋市)
  052-782-2111
  http://www.higashiyama.city.nagoya.jp/index_pc.php
- 日本モンキーセンター (愛知県犬山市)
  0568-61-2327　http://www.j-monkey.jp
- 豊田市鞍ケ池公園 (愛知県豊田市)
  0565-80-5310
  http://www.city.toyota.aichi.jp/division/facilities/j/fc27/
- 岡崎市東公園動物園 (愛知県岡崎市)
  0564-27-0456
  http://www.city.okazaki.aichi.jp/1100/1107/1149/p006023.html

近畿地方

- 京都市動物園 (京都府京都市)
  075-771-0210　http://www5.city.kyoto.jp/zoo/
- 和歌山公園動物園 (和歌山県和歌山市)
  073-424-8635
  http://www.city.wakayama.wakayama.jp/menu_1/gyousei/wakayama_siro/osiro/zoo/zoo.html
- アドベンチャーワールド (和歌山県白浜町)
  0570-06-4481　http://aws-s.com
- みさき公園 (大阪府岬町)
  072-492-1005　http://www.nankai.co.jp/misaki/
- 天王寺動物園 (大阪府大阪市)
  06-6771-8401
  http://www.jazga.or.jp/tennoji/

🐾 五月山動物園（大阪府池田市）
072-752-7082　http://www.satsukiyamazoo.com

🐾 神戸市立王子動物園（兵庫県神戸市）
078-861-5624
http://www.kobe-ojizoo.jp

🐾 姫路市立動物園（兵庫県姫路市）
079-284-3636　http://www.city.himeji.lg.jp/dobutuen

🐾 姫路セントラルパーク（兵庫県姫路市）
079-264-1611　http://www.central-park.co.jp

🐾 淡路ファームパーク（兵庫県南あわじ市）
0799-43-2626　http://www.england-hill.com

中国・四国地方

🐾 池田動物園（岡山県岡山市）
086-252-2131　http://www.urban.ne.jp/home/ikedazoo/

🐾 広島市安佐動物公園（広島県広島市）
082-838-1111　http://www.asazoo.jp

🐾 福山市立動物園（広島県福山市）
084-958-3200　http://www.fukuyamazoo.jp

🐾 周南市徳山動物園（山口県周南市）
0834-22-8640　http://www.tokuyamazoo.jp

🐾 秋吉台自然動物公園サファリランド（山口県美祢市）
08396-2-1000　http://www.safariland.jp

🐾 ときわ動物園（山口県宇部市）
0836-21-3541
http://tokiwa-zoo.jp/

🐾 とくしま動物園（徳島県徳島市）
088-636-3215
http://www.city.tokushima.tokushima.jp/zoo/

🐾 愛媛県立とべ動物園（愛媛県砥部町）
089-962-6000　http://www.tobezoo.com

🐾 わんぱーくこうちアニマルランド（高知県高知市）
088-832-0189
http://www.city.kochi.kochi.jp/deeps/17/1712/animal/

🐾 高知県立のいち動物公園（高知県香南市）
0887-56-3500　http://www.noichizoo.or.jp

九州・沖縄地方

🐾 到津の森公園（福岡県北九州市）
093-651-1895　http://www.itozu-zoo.jp

🐾 福岡市動物園（福岡県福岡市）
092-531-1968　http://zoo.city.fukuoka.lg.jp

🐾 大牟田市動物園（福岡県大牟田市）
0944-56-4526　http://www.omutazoo.org

🐾 海の中道海浜公園　動物の森（福岡県福岡市）
092-603-1111　http://www.uminaka.go.jp

🐾 久留米市鳥類センター（福岡県久留米市）
0942-33-2895
http://www2.ktarn.or.jp/~kurume-birdc/

🐾 西海国立公園九十九島動植物園　森きらら
（長崎県佐世保市）
0956-28-0011　http://www.morikirara.jp

🐾 長崎バイオパーク（長崎県西海市）
0959-27-1090　http://www.biopark.co.jp

🐾 熊本市動植物園（熊本県熊本市）
096-368-4416　http://ezooko.jp

🐾 九州自然動物公園アフリカンサファリ（大分県宇佐市）
0978-48-2331　http://www.africansafari.co.jp

🐾 鹿児島市平川動物公園（鹿児島県鹿児島市）
099-261-2326　http://hirakawazoo.jp

🐾 宮崎市フェニックス自然動物園（宮崎県宮崎市）
0985-39-1306　http://www.miyazaki-city-zoo.jp

🐾 沖縄こどもの国（沖縄県沖縄市）
098-933-4190
http://www.kodomo.city.okinawa.okinawa.jp

🐾 ネオパークオキナワ名護自然動植物公園（沖縄県名護市）
0980-52-6348　http://www.neopark.co.jp

さくいん（五十音順）

あ
- アオダイショウ …… 15
- アフリカタテガミヤマアラシ …… 21
- アライグマ …… 20、22、36
- アルダブラゾウガメ …… 15
- インドクジャク …… 19
- 運動場 …… 8、10、19、20、21、29、31、32、33、38、52、53
- エサやり体験 …… 30、37
- オオカンガルー …… 47
- オグロプレーリードッグ …… 20
- オニオオハシ …… 19
- お見合い …… 52、53
- オランウータン …… 12、48

か
- カバ …… 22、32、39、41、47
- カピバラ …… 21
- カリフォルニアアシカ …… 49
- キリン …… 16、17、23、24、25、37、40、46
- グラントシマウマ …… 41、47
- クロサイ …… 32、33
- ケヅメリクガメ …… 49
- コアラ …… 21、26、35
- 郊外型 …… 9
- コジュケイ …… 19

さ
- サファリパーク …… 9
- 飼育員 …… 8、20、21、22、23、28、30、32、34、42、43、44、50、51、53、54、55、56、57
- 飼育事務所 …… 8
- ジャイアントパンダ …… 26、46
- 獣医師 …… 42、43
- ショウガラゴ …… 14
- 傷病鳥獣 …… 25
- 人工哺育 …… 44、54、55、56、57
- 寝室 …… 20、21、23、25、29、31、32、38、52
- シンリンオオカミ …… 23
- 生息環境展示 …… 18
- ゾウ …… 18、22、28、29、30、31、34、37、38、42、46

た
- タヌキ …… 20
- チーター …… 47
- チュウシャクシギ …… 19
- チンパンジー …… 37、44、54、55、56、57
- ツキノワグマ …… 30
- 動物病院 …… 9、42、43
- 都市型 …… 8、9

な
- トナカイ …… 23
- トラ …… 21、32、33
- ニホンカモシカ …… 35
- ニホンザル …… 12、22、50、51
- ニホンモモンガ …… 14
- ヌートリア …… 49

は
- バードホール …… 19
- ハクビシン …… 20
- ハズバンダリー・トレーニング …… 40、41
- は虫類 …… 15、59
- バックヤード …… 20、21、52、53
- パノラマ展示 …… 17、18
- 繁殖 …… 50、51、52、53、59
- フタコブラクダ …… 23
- フタユビナマケモノ …… 19、48
- ブチハイエナ …… 17
- フラミンゴ …… 13、50、51
- ブリーディング・ローン …… 24
- ふん …… 20、21、29、31、32、38、39、53
- ペンギン …… 30、37、39、43、49
- ホッキョクグマ …… 10
- ポニー …… 42
- ボリビアリスザル …… 48
- ホンドギツネ …… 48

ま
- マタコミツオビアルマジロ …… 48
- マレーグマ …… 46
- マレーバク …… 48
- マンドリル …… 44
- ミーアキャット …… 12、36、49
- ミナミコアリクイ …… 35、49
- 無柵放養式 …… 16、19
- モウコノウマ …… 59
- モート …… 16、17
- モグラ …… 13

や
- 夜間開園 …… 22
- ヤギ …… 39
- ヨウスコウワニ …… 15、59

ら
- ライオン …… 17、32、33、34、39、47
- 両生類 …… 15、59
- レッサーパンダ …… 13、23、35、39、52

わ
- ワオキツネザル …… 11
- ワシントン条約 …… 26

おもな参考文献

『日本の動物園』石田戢著（東京大学出版会）／『動物園革命』若生謙二著（岩波書店）／『動物園学ことはじめ』中川志郎著（玉川大学出版部）

●著者紹介
森　由民（もり　ゆうみん）

1963年、神奈川県生まれ。動物園ライター。千葉大学理学部生物学科を卒業後、高校教員などを経て、マンガ『ASAHIYAMA 旭山動物園物語』（角川書店）の原作でデビュー。全国の動物園をまわり、おもに、飼育員と動物たちの関係や、動物園展示のあり方などを取材して、著作・講演・動物園ガイドなどの活動を行っている。著書に、『大切ないのち、生まれたよ！5』（共著、学研教育出版）、『ひめちゃんとふたりのおかあさん』『約束しよう、キリンのリンリン』（共にフレーベル館）などがある。

● 編集制作／株式会社童夢
● 装丁・本文デザイン／株式会社ダイアートプランニング
　　　　　　　　　　　　（市川望美・天野広和）
● イラスト／山中正大

■協力・写真提供

日立市かみね動物園／市川市動植物園／姫路セントラルパーク／天王寺動物園／群馬サファリパーク／よこはま動物園ズーラシア／千葉市動物公園／横浜市立金沢動物園／アドベンチャーワールド／仙台市八木山動物公園／秋田市大森山動物園ミルヴェ／広島市安佐動物公園／富士サファリパーク／豊橋総合動植物公園／神戸市立王子動物園／羽村市動物公園／盛岡市動物公園／西海国立公園九十九島動植物園　森きらら／長野市茶臼山動物園／札幌市円山動物園／東山動植物園／わんぱーくこうちアニマルランド／宮崎市フェニックス自然動物園／宇都宮動物園／静岡市立日本平動物園／池田動物園／埼玉県こども動物自然公園／伊豆アニマルキングダム／熊本市動植物園／東武動物園／長崎バイオパーク／熱川バナナワニ園／PIXTA／Fotolia.com（Jiri Hera、hperry）／森　由民

動物園のひみつ
展示の工夫から飼育員の仕事まで

2014年2月3日　第1版第1刷発行
2025年1月23日　第1版第12刷発行

著　者　森　由民
発行者　永田貴之
発行所　株式会社PHP研究所
　　　　東京本部　〒135-8137　江東区豊洲5-6-52
　　　　　　　　児童書出版部 ☎03-3520-9635（編集）
　　　　　　　　　　　普及部 ☎03-3520-9630（販売）
　　　　京都本部　〒601-8411　京都市南区西九条北ノ内町11
　　　　PHP INTERFACE　https://www.php.co.jp/
印刷所　TOPPANクロレ株式会社
製本所

©Yumin Mori 2014 Printed in Japan　　　　　　　　　　　　ISBN978-4-569-78374-1
※本書の無断複製（コピー・スキャン・デジタル化等）は著作権法で認められた場合を除き、禁じられています。また、本書を代行業者等に依頼してスキャンやデジタル化することは、いかなる場合でも認められておりません。
※落丁・乱丁本の場合は弊社制作管理部（03-3520-9626）へご連絡下さい。送料弊社負担にてお取り替えいたします。

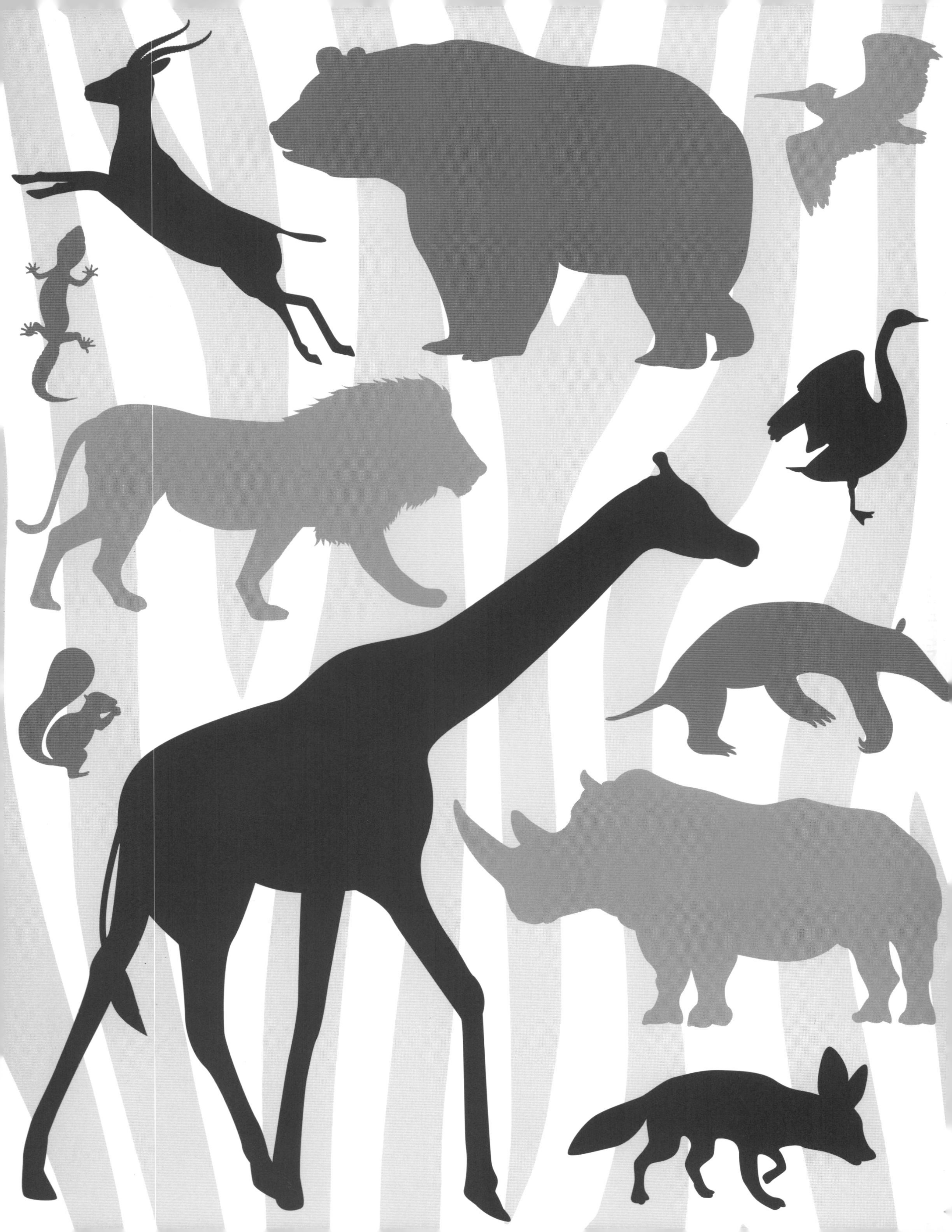